U0177493

这就是天气

霜

庄婧 著　　大橘子 绘

九州出版社
JIUZHOUPRESS

图书在版编目（ＣＩＰ）数据

这就是天气．9，这就是霜 / 庄婧著；大橘子绘
．-- 北京 ：九州出版社，2021.1
ISBN 978-7-5108-9712-2

Ⅰ．①这… Ⅱ．①庄… ②大… Ⅲ．①天气－普及读
物 Ⅳ．① P44-49

中国版本图书馆 CIP 数据核字（2020）第 207932 号

目录

什么是霜

水汽是空气里最普通最常见的存在物质，是有强大本领的魔法师。

它最擅长的技能就是变身。比如，通过抬升和降温可以将水汽变成云浮于空中。

也可以变化成雨或雪飘洒而下。

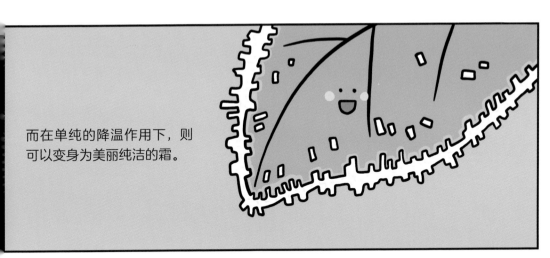

而在单纯的降温作用下，则可以变身为美丽纯洁的霜。

大家好，我是霜。

其实从古人开始，就喜好把"霜"加入自己的创作中。我们最熟悉的诗句"床前明月光，疑是地上霜"就是对它最直观的描述啦。

霜是如何形成的

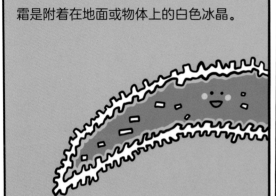

霜是附着在地面或物体上的白色冰晶。

虽然它爱穿白色衣服，但却喜欢在草坪树叶、土块地面上玩耍打滚。

在一些地方方言里，人们把霜的出现叫"下霜"。感觉霜像是从天上降下来的。

下霜啦！

可是有谁真的看到过下霜？

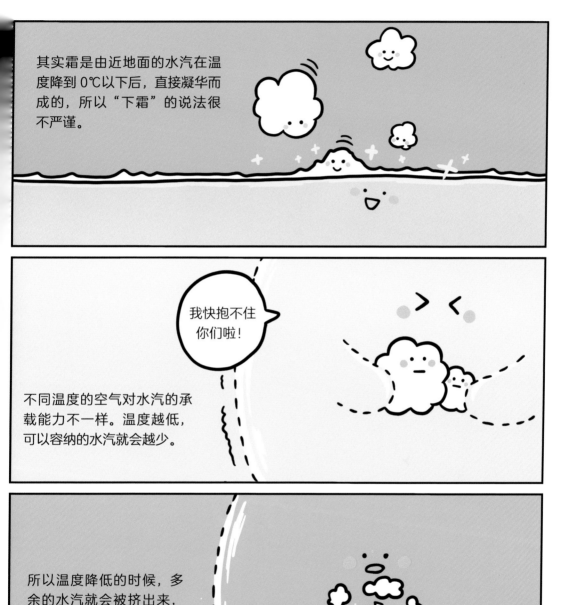

其实霜是由近地面的水汽在温度降到 0℃ 以下后，直接凝华而成的，所以"下霜"的说法很不严谨。

我快抱不住你们啦！

不同温度的空气对水汽的承载能力不一样。温度越低，可以容纳的水汽就会越少。

所以温度降低的时候，多余的水汽就会被挤出来，凝华成固态。

霜的特征

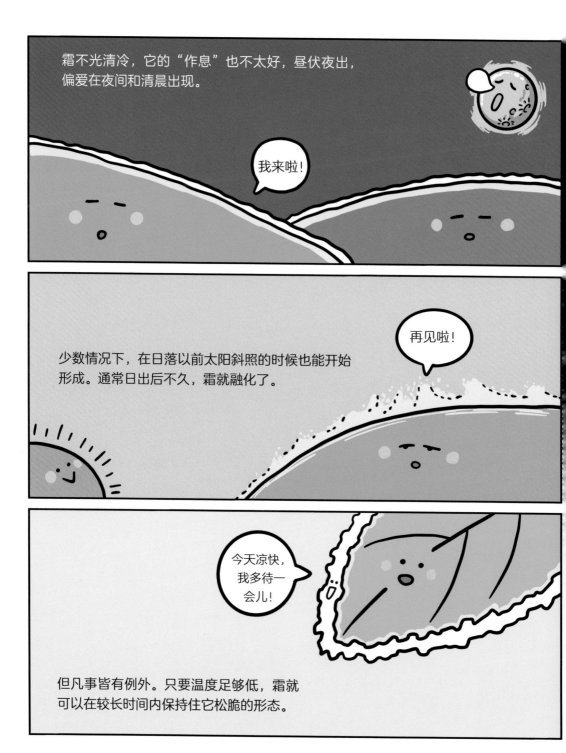

霜不光清冷，它的"作息"也不太好，昼伏夜出，偏爱在夜间和清晨出现。

我来啦！

少数情况下，在日落以前太阳斜照的时候也能开始形成。通常日出后不久，霜就融化了。

再见啦！

今天凉快，我多待一会儿！

但凡事皆有例外。只要温度足够低，霜就可以在较长时间内保持住它松脆的形态。

在天气严寒或者背阴的地方，霜便能终日不消。

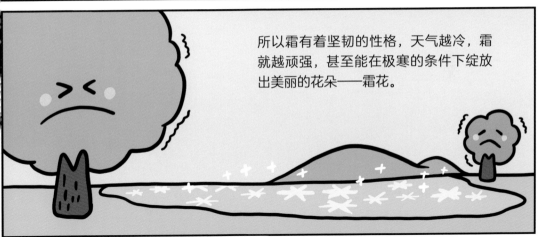

所以霜有着坚韧的性格，天气越冷，霜就越顽强，甚至能在极寒的条件下绽放出美丽的花朵——霜花。

这不同于我们常见的冰花。霜花一般出现在接近零下22℃的低温环境，有着尖刺状结构。

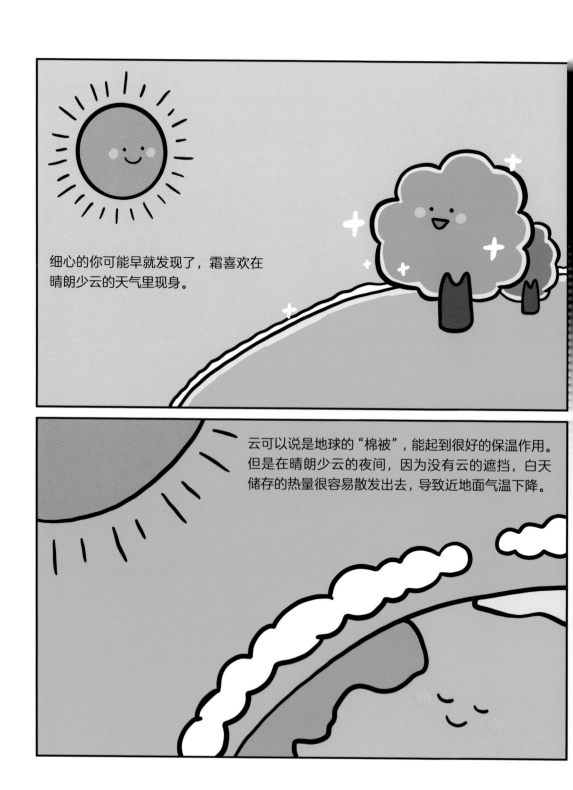

细心的你可能早就发现了，霜喜欢在晴朗少云的天气里现身。

云可以说是地球的"棉被"，能起到很好的保温作用。但是在晴朗少云的夜间，因为没有云的遮挡，白天储存的热量很容易散发出去，导致近地面气温下降。

如果有云存在，会阻挡热量的散失，从而起到保温作用。

但没有了云，温度会降得更低，这也就是通常所说的晴空辐射，所以晴朗的夜间更利于水汽凝华。

霜与冷空气

霜很讨厌大风。

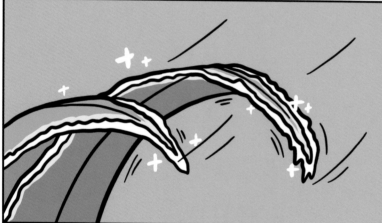

有微风的时候，空气缓慢地流过冷物体表面，不断供应水汽，有利于霜的形成。但是风大的时候，空气流动很快，接触冷物体表面的时间太短，同时上下空气容易相互混合，不利于温度降低。

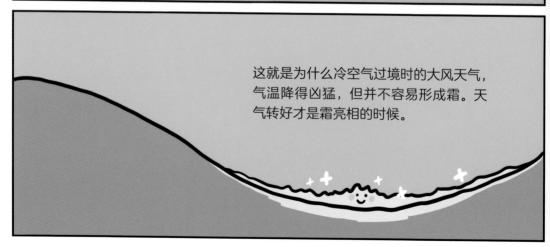

这就是为什么冷空气过境时的大风天气，气温降得凶猛，但并不容易形成霜。天气转好才是霜亮相的时候。

而且霜偏爱地势低洼的地方。因为空气是流体，它总是喜欢从四面八方往低洼的地方流。最冷的空气密度最大、重量最重，也就沉在洼地的最底下。

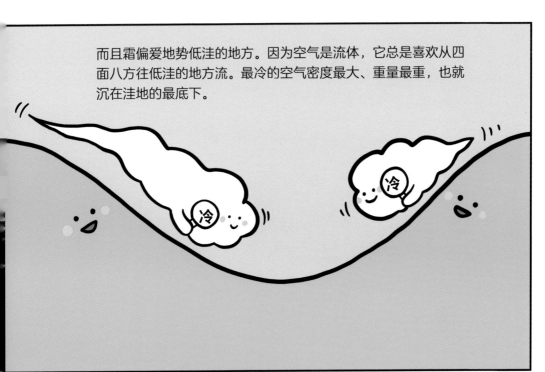

低洼的凹地成了冷空气的"仓库"，所以当平地上还没有见到霜的时候，洼地里就能先看到霜的身影了。

霜的分布

霜在我们国家占领了很大的地盘。绝大部分地区都能有霜出现。

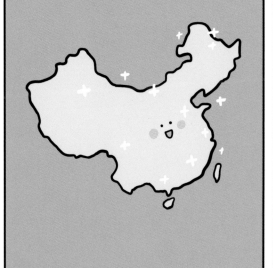

就连我国最南方的海南岛，有的年份也有霜出现。但是霜还是最喜欢北方。

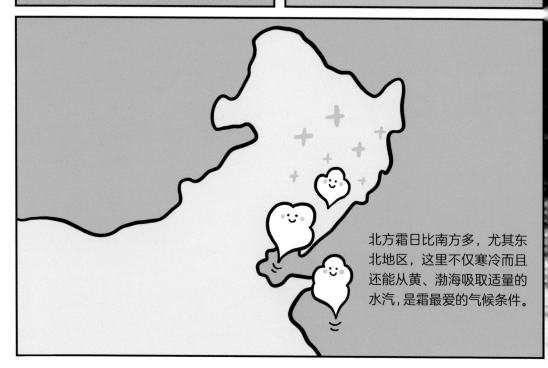

北方霜日比南方多，尤其东北地区，这里不仅寒冷而且还能从黄、渤海吸取适量的水汽，是霜最爱的气候条件。

霜一般出现在秋冬春三个季节。一般把秋天的第一次霜叫初霜。

春天的最后一次霜叫终霜。

好久没有见到霜啦！

而在终霜之后、初霜之前的这段时间就叫做"无霜期"。

无霜期

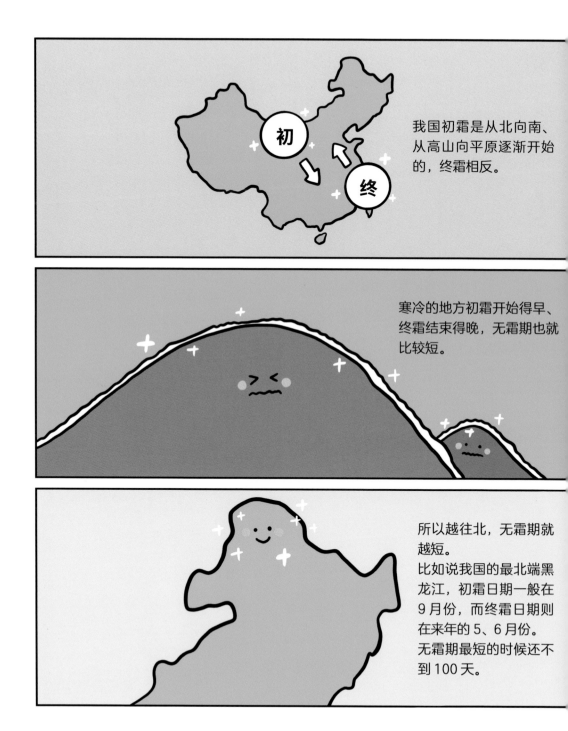

我国初霜是从北向南、从高山向平原逐渐开始的，终霜相反。

寒冷的地方初霜开始得早、终霜结束得晚，无霜期也就比较短。

所以越往北，无霜期就越短。
比如说我国的最北端黑龙江，初霜日期一般在9月份，而终霜日期则在来年的5、6月份。无霜期最短的时候还不到100天。

而在南端的广东、广西、云南等地，初霜日一般出现在 12 月到来年的 1 月，终霜日期则是在来年的 2 月前后，算下来无霜期可以达到 300 天，差距不是一般的大呀。

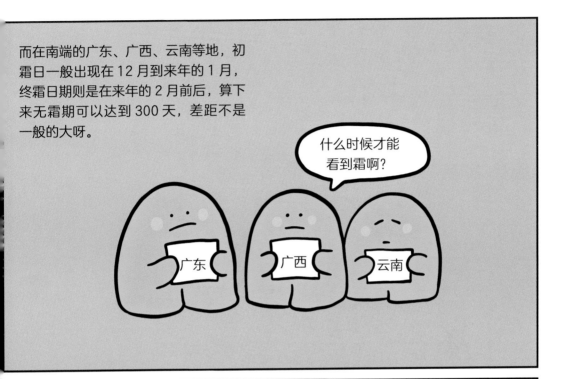

"无霜期"是作物生长最喜欢的时期。因为霜的出现，往往会影响耐寒性较差的农作物的生长。

霜冻

当空气温度突然下降，地表温度骤降到0℃以下，就可能出现霜冻灾害。

霜冻可以使农作物受到损害，甚至死亡。注意哦，霜冻与霜是不同的。

霜仅仅是一种天气现象，而且出现霜的时候不一定会发生霜冻。霜冻则是一种灾害，发生霜冻的时候可以有霜出现、也可以没有霜出现。

当水汽含量多的时候，温度骤然下降结出霜称为"白霜"。当水汽含量少的时候，不能结出霜，称为"黑霜"。

不管黑霜还是白霜，这两种情况下只要对农作物造成伤害，就称为霜冻。

霜冻与冻害也是有区别的。霜冻一般发生在作物活跃生长的时候。而冻害则是发生在作物越冬休眠或是它们缓慢生长的时期。

秋霜冻

根据霜冻发生的季节不同，可分为春霜冻和秋霜冻两种。

秋霜冻顾名思义发生在秋季，又称为早霜冻。这个时候秋收作物还没有成熟，露地蔬菜也都没有收获。

但是冷空气开始频繁入侵，气温下降。有时候，冷空气过后天气转晴，地面还会有强烈的辐射降温，影响会更加严重。这就是人们常说的"雪上加霜"。

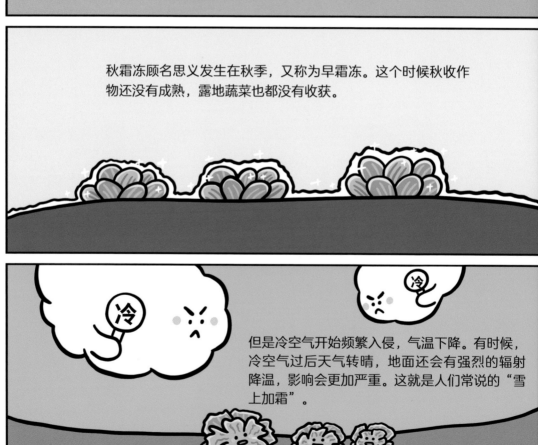

秋季第一次发生的霜冻称为初霜冻。

初霜冻总是在悄无声息中到来，所以有农作物"秋季杀手"的称号。但如果初霜冻出现时，作物已经收获了，那霜冻即使再严重也不会造成损失。

初霜冻来啦！！

春霜冻

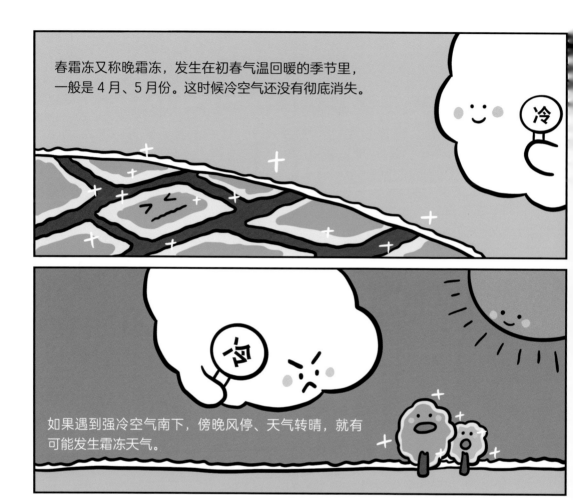

春霜冻又称晚霜冻，发生在初春气温回暖的季节里，一般是4月、5月份。这时候冷空气还没有彻底消失。

如果遇到强冷空气南下，傍晚风停、天气转晴，就有可能发生霜冻天气。

春霜冻主要影响蔬菜、水果和热带经济作物。发生得越晚，对作物的危害也就越大。

春季最后一次发生的霜冻叫做终霜冻。

再见啦!

作物们本来可以在温暖的环境下肆意成长了,这个时候突然发生一次霜冻,人们又没有提前做好准备,会让作物遭受不小的危害。

霜冻防御

辛勤的农民伯伯在与霜冻的斗争中总结出了一套防御方法。最常见的就是灌水法、遮盖法、喷烟法。

灌水法，就是在霜冻来临前往农田里灌水或是喷水。

因为水的热容量大、降温慢，田间温度就不会很快降下来了。

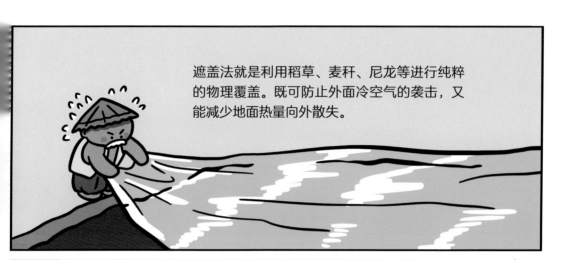

遮盖法就是利用稻草、麦秆、尼龙等进行纯粹的物理覆盖。既可防止外面冷空气的袭击，又能减少地面热量向外散失。

喷烟法是利用能够产生大量烟雾的柴草、牛粪等，在霜冻来临前半小时或 1 小时点燃。

这些烟雾可以作为云的替身，阻挡地面热量的散失。不过这种方法成本较高，而且还污染空气，所以不能大范围使用。

霜冰

霜出现在飞机上还可能危害到飞行。当飞机长时间在0℃以下的气层中飞行，机体会得到充分的冷却。

这时候如果突然飞进潮湿的暖气层中，水汽就会凝华在飞机机体上，形成一种白色的结晶状冰层，叫做霜冰。座舱玻璃上的霜冰会妨碍视线。

霜的作用

当然，霜并不是一无是处，秋天的霜也有它的魅力所在。杜牧的诗句"霜叶红于二月花"就早早地透露了这一秘密。

深秋时节，随着气温的下降和秋霜的到来，许多植物叶子和果实中的天然色素会发生一系列变化。比如枫叶变红、银杏变黄，都有霜的一份助力。

霜打过的水果和蔬菜味道会变得香甜可口。
蔬果里含有淀粉，淀粉是不甜的。但是随着气温下降，被霜打过之后，淀粉会在淀粉酶的作用下，水解成麦芽糖。

麦芽糖经过麦芽糖酶的作用，变成葡萄糖。
葡萄糖很容易溶解在水中，蔬果也就有了甜味。比如说葡萄、萝卜、菠菜等，都会变得更好吃。

今天晚上吃好吃的胡萝卜！

在我们伟大的二十四节气中，就有一个以霜命名的节气——霜降。

霜降的开始是在每年的 10 月 23 日或 24 日，也是秋季的最后一个节气。

但实际上，进入霜降并不意味着就会"降霜"。

进入霜降节气，西北和东北已经可以见到霜了，华北也开始陆续迎来初霜。

而南方此时还是秋高气爽的好天气。

华南甚至还没有完全告别炎热的夏季，所以暂时还不能跟霜见面。

29

露

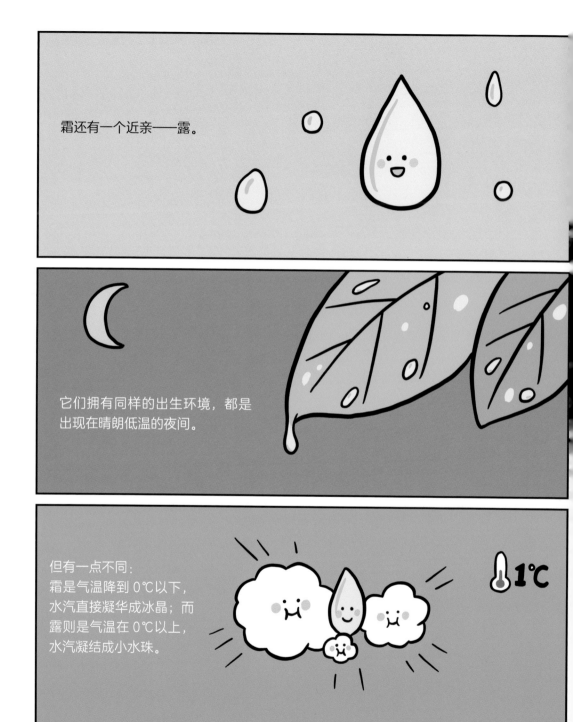

霜还有一个近亲——露。

它们拥有同样的出生环境，都是出现在晴朗低温的夜间。

但有一点不同：
霜是气温降到 0℃以下，
水汽直接凝华成冰晶；而
露则是气温在 0℃以上，
水汽凝结成小水珠。

1℃

这样说来，露跟雾倒更像是双生子。只不过雾漂浮在空气中，而露是要附着在物体上。

露大多出现在春秋季节，昼夜温差比较大的时候。

而霜则是在深秋和冬季更多见。"蒹葭苍苍，白露为霜"，很多人把白露当作霜，其实是不对的哦。

刚才我身上还都是露水呢！

不过有一种例外，有的时候在上半夜形成了露，下半夜温度继续降低，露珠被冻结起来，这种叫作冻露。冻露也可以算是霜的一种。

雾凇

地面物体上形成的冰晶和水滴并不都是霜和露，还有雾凇。这是一种白色或乳白色的不透明冰层，通常附着在树枝、电线等物体上面。

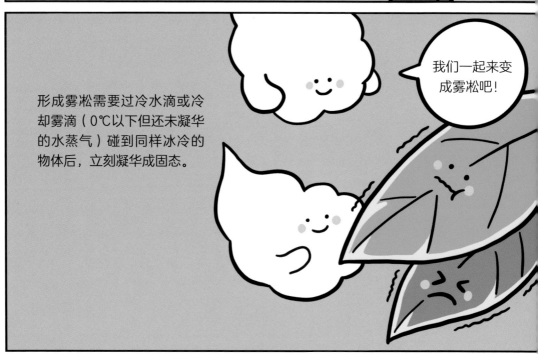

形成雾凇需要过冷水滴或冷却雾滴（0℃以下但还未凝华的水蒸气）碰到同样冰冷的物体后，立刻凝华成固态。

我们一起来变成雾凇吧！

因为形成雾凇的条件非常苛刻，这种美丽神奇的景观就更显难得了。吉林是我们国家出现雾凇最有名气的省份。

这里拥有东北寒冷的气候条件，而且还有松花江潮湿的水雾，有时形成的雾凇一连几天也不掉落。
观赏雾凇的最佳时间是在早上。这个时候雾凇刚刚形成，配上初生的朝阳，冰雪奇缘中的仙境也不过如此啦。

词汇表

霜：也称白霜，近地面空气中水汽直接凝华在温度低于0℃的地面上或近地面物体上的白色松脆冰晶。

凝华：物质从气态不经过液态直接转化为固态。气象上主要指水汽凝华成冰。

霜日：一日中出现霜或冻露时，算作一个霜日。

霜冻：一年中温暖时期，土壤表面和植物表面的温度降到0℃或0℃以下而引起植物损伤乃至死亡的农业气象灾害。

早霜冻：秋季发生的霜冻，又称秋霜冻。秋季第一次霜冻称为初霜冻。

晚霜冻：又称春霜冻，春季发生的霜冻害。晚春的最后一次霜冻称为终霜冻。

无霜期：终霜日和初霜日之间的持续日数。

黑霜：对没有白霜伴随的较重霜冻害的俗称。

冻害：0℃或0℃以下的低温，对植物造成的伤害。

霜降：我国二十四节气之一，传统上为秋季第六个节气。

热容量：在一定过程中，物体温度升高（降低）1℃所吸收（放出）的热量。

霜冰：飞机积冰的一种，指相对湿度较大时，水汽凝华于温度低于0℃的飞机机体上积聚而成的一种白色结晶质冰层。

露：近地面层空气中水汽因地面或地物表面热量耗散，温度下降而凝结在其上的水珠。暖季晴朗无风的夜间或清晨易出现。

雾凇：低温时空气中水汽直接凝华或过冷雾滴直接冻结在物体上的乳白色冰晶沉积物。